ULTRAMAN

赛罗奥特曼英雄传

1 基因编

读故事学知识

全4册

知信阳光 编

U0270901

奥 特 银 河 终 极 怪 兽 对 决

21 二十一世纪出版社集团
21st Century Publishing Group

图书在版编目（CIP）数据

奥特银河终极怪兽对决：基因编 / 知信阳光编. —
南昌：二十一世纪出版社集团，2023.3（2024.5 重印）
（赛罗奥特曼英雄传. 读故事学知识；1）
ISBN 978-7-5568-6996-1

Ⅰ.①奥… Ⅱ.①知… Ⅲ.①基因–儿童读物 Ⅳ.
① Q343.1–49

中国国家版本馆 CIP 数据核字（2022）第 207675 号

赛罗奥特曼英雄传·读故事学知识 1

奥特银河终极怪兽对决 基因编　　　知信阳光 编
AOTE YINHE ZHONGJI GUAISHOU DUIJUE JIYIN BIAN

出 版 人	刘凯军
责任编辑	袁　蓉
特约编辑	程晓波
装帧设计	刘露曦
设计制作	北京知信阳光文化发展有限公司
出版发行	二十一世纪出版社集团（江西省南昌市子安路 75 号　330025）
网　　址	www.21cccc.com
经　　销	全国各地新华书店
印　　刷	深圳市福圣印刷有限公司
版　　次	2023 年 3 月第 1 版
印　　次	2024 年 5 月第 3 次印刷
开　　本	889 mm×1254 mm　1/24
印　　张	2
印　　数	35,001~41,000 册
字　　数	25 千字
书　　号	ISBN 978-7-5568-6996-1
定　　价	15.00 元

赣版权登字-04-2022-638
购买本社图书，如有问题请联系我们：扫描封底二维码进入官方服务号。
服务电话：0791-86512056（工作时间可拨打）；服务邮箱：21sjcbs@21cccc.com。

目 录

奇妙的世界

什么是基因? p.4

奥特家族的进化史
DNA 在哪儿? p.7

所有生物的染色体数量都是相同的吗? p.11

DNA 的复制 p.9

我长得很像妈妈
什么是基因遗传? p.12

为什么长颈鹿的脖子那么长?
基因也会出状况 p.14

我是爸爸妈妈的孩子
基因是如何传递的? p.23

基因相似度 p.19

利用基因,人类能做什么? p.27

基因能决定一切吗? p.17

人类也有"超能力"
基因的能力 p.36

人类制造了一只多莉羊
什么是克隆? p.31

DNA 自我修复 p.38

雷

继承了雷布朗多星人的遗传基因，可以使用战斗仪召唤哥莫拉、利托拉（S）。爱好和平的雷与奥特英雄们并肩作战，共同对抗贝利亚奥特曼和他的怪兽军团。

赛文奥特曼
赛罗奥特曼的父亲

奥特兄弟之一，具备强大的攻击技能，为了保护地球，多次与来自宇宙的侵略者进行战斗。

贝流多拉
百体怪兽

是由贝利亚奥特曼和怪兽墓场中所有怪兽、宇宙人的亡灵合体而形成的超巨型怪兽。贝利亚奥特曼盘踞在贝流多拉的头部，操纵着合体怪兽。

必杀技 贝流多拉地狱

雷欧奥特曼
赛罗奥特曼的老师

来自狮子座 L77 星球的奥特英雄，擅长宇宙拳法，战斗技法以施展宇宙拳法的格斗技为主。

本页面角色出自 2007 年作品《赛罗奥特曼英雄传》

角色介绍

修行甲·赛罗

赛罗奥特曼在 K76 星球上接受雷欧奥特曼训练时的形态。盔甲能保护身体，同时也会封印穿戴者自身的能力。

赛罗奥特曼

光之国的新生代奥特英雄

曾因年少叛逆，意图触碰等离子火花塔内的能量核，险些酿成大错。后被父亲赛文奥特曼托付给雷欧奥特曼，进行严格训练，最终成长为一名合格的奥特英雄。

必杀技 赛罗头镖

贝利亚奥特曼

光之国最邪恶的奥特曼

诞生于光之国，因想窃取等离子火花塔内的能量核而被奥特之父驱逐，后继承了雷布朗多星人的遗传基因，变身暗黑奥特曼，能够使用终极战斗仪操纵 100 只怪兽，企图报复光之国并统治整个宇宙。

必杀技 贝利亚超雷鸣

故事

本故事选自《赛罗奥特曼英雄传》第 7~11 集

奥特银河终极怪兽对决

受负能量的影响，宇宙各个区域的怪兽变得越来越凶残。偏偏此时，光之国最邪恶的奥特曼——贝利亚奥特曼——越狱了！他来到光之国的等离子火花塔内，试图夺取能量核。

　　"你们这些绊脚石快给我滚开！"他轻松击败了所有奥特英雄，就连梦比优斯奥特曼也被他丢到了宇宙中。

　　扫清一切障碍后，贝利亚奥特曼伸手去拿能量核。突然，他的手被抓住了！

　　"贝利亚，不要错上加错！"奥特之父厉声呵斥。

　　"滚开，我只想要全宇宙最强大的力量！"贝利亚奥特曼勃然大怒，一击重伤奥特之父，夺走了能量核。

本页面角色出自 2017 年作品《赛罗奥特曼英雄传》

梦比优斯奥特曼从宇宙中赶回光之国，可是失去能量核的光之国已经被冰封了。幸运的是，等离子火花塔内还残留着最后一丝光芒，那是泰罗奥特曼拼尽全力守住的。

赛文奥特曼和奥特曼（初代）告诉梦比优斯奥特曼："快去寻找地球人雷！他和贝利亚有相同的基因，也许他能打败贝利亚！"

赛罗的笔记

什么是基因？

基因是 DNA 的一部分，是带有遗传信息的 DNA 片段。在基因组中，只有不到 2% 的 DNA 序列构成了编码基因。

DNA

基因

人体中能够正常表达的基因虽然很少，但它们是构造生命的基础，记录着人类的种族、血型及孕育、生长、凋亡等过程的信息，决定着生命的繁衍。

本页面角色出自 2017 年作品《赛罗奥特曼英雄传》

邓特行星上，雷和队友们正在执行勘测任务。这时，一团红色烈焰突然袭来，是怪兽札拉加斯！雷立马召唤怪兽哥莫拉迎战。

哥莫拉使出连环攻击，但札拉加斯不仅没有受伤，还越变越强。这场对决一时陷入了僵局。

你知道吗？

DNA 的全称是脱氧核糖核酸，分子极为庞大，其主要组成为核苷酸，核苷酸又是由碱基、脱氧核糖和磷酸构成。

DNA 分子是双螺旋结构，就像螺旋形梯子的阶梯。基因就是这梯子的一部分。

通过分析，雷的队友们发现札拉加斯在攻击结束后会有一瞬间的停顿，这是打倒它的关键！于是，他们驾驶着"宇宙盘龙号"与札拉加斯周旋，哥莫拉则趁机近身攻击。就在札拉加斯停顿的那一瞬间，哥莫拉发出超振动波，成功将它消灭！

就在这时，一道光闪现！是梦比优斯奥特曼！他二话不说就带走了雷。梦比优斯奥特曼化身为人类形态日比野未来，向雷讲述了奥特家族的历史。

27 万年前，光之国的科学家研制出了等离子火花塔，它强大的能量，不仅拯救了即将灭亡的光之国，也让光之国的住民进化成拥有超能力的巨人。从那一刻起，奥特英雄就肩负起守护宇宙和平的使命。

赛罗的笔记

DNA 在哪儿？

DNA 存在于细胞中。

人体中大约有 40 万亿个细胞。
细胞的控制中心是细胞核。
细胞核内含有染色体。
染色体中有一个 DNA 分子，
DNA 含有成千上万个基因。

秘密词典

什么是进化？

绝大部分的生物体的遗传信息储存在 DNA 中，并通过 DNA 的复制由亲代传给子代。在这个过程中，遗传性状可能会发生变化，从而造成个体间的遗传变异。当遗传变异在种群中变得普遍时，就表示发生了进化。

贝利亚奥特曼曾经是一名奥特英雄，因为想独占等离子火花塔的能量核，被逐出光之国。后来，他继承了雷布朗多星人的基因，变身成暗黑奥特曼，开始报复光之国。奥特之王只好将他关进宇宙监狱。

可是现在，贝利亚奥特曼越狱了，还夺走了能量核，意图统治宇宙！

8

我继承了雷布朗多星人邪恶的基因。

"你也继承了雷布朗多星人的基因，可以操纵怪兽。请和我一起战斗吧！"日比野未来恳求道。为了宇宙的和平，雷决定与奥特英雄们一起打败贝利亚奥特曼。

"基因继承"只是一种文学表达，实际上，基因是通过复制传递的。基因通常是一段特殊的DNA序列，所以基因复制其实就是DNA复制。

DNA 的复制

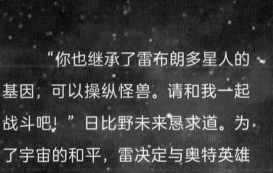

DNA 就像一条拉锁，由两条链条按照一定的方式组合在一起。

当 DNA 复制时，解旋酶将这两条链条解开。

含碱基对的脱氧核苷酸就以两条单链为模板，按照碱基互补配对原则，各自延伸合成一条 DNA 子链。

每条 DNA 子链与配对的亲代 DNA 单链各自合成一个双链 DNA 分子。

日比野未来和雷赶到光之国，没想到，贝利亚奥特曼的手下突然出现，将他们团团围住！面对敌人的疯狂进攻，日比野未来和雷渐渐招架不住。幸好，赛文奥特曼、奥特曼（初代）的人类形态——诸星团和早田——及时出现，大家合力击退了敌人。

早田还带来了一个坏消息：贝利亚奥特曼在怪兽墓场用能量核复活了全部怪兽！可是，早田、诸星团和日比野未来由于能量不足，无法变身奥特英雄进行战斗。他们来到等离子火花塔内，借助最后一丝能量，变身奥特英雄，赶往怪兽墓场。

赛罗的笔记

问：怪兽也有基因吗？
答：当然有。几乎所有的生物都含有基因。

DNA 主要存在于染色体上，染色体在安全的细胞核中。

如果将人体细胞核中的染色体排列出来，你就会发现，一共有 23 对，共 46 条染色体。

所有生物的染色体数量都是相同的吗？

不是。生物的染色体数量差异非常大。

人类：23 对染色体。

黑猩猩：24 对染色体。

大象：28 对染色体。

鸽子：40 对染色体。

小麦：21 对染色体。

赛罗的笔记

我和贝利亚都有雷布朗多星人的基因。我们的基因完全一样吗？

什么是基因遗传？

生物将它们的基因传递给后代，生物自身的性状也一代又一代地传下去，这个传递过程就是基因遗传。

亲代通过基因传递给子代的特征，表现为身体的各种性状。

例如：头发的颜色、眼睛的颜色、舌头能否卷曲等。

虽然雷和贝利亚奥特曼都有着雷布朗多星人的基因，都能操纵怪兽，但是他们的基因并不完全相同，即便是兄弟姐妹，他们的基因也都是不一样的。

另一边，队友们在寻找雷的下落时，遭到了芝顿星人的袭击。危急时刻，戴拿奥特曼出现，救了他们。他们从芝顿星人口中得知，雷在怪兽墓场。他们决定前去助他一臂之力。

此时，在阴森恐怖的怪兽墓场里，四道光芒从天而降，是奥特英雄们和操纵着怪兽哥莫拉的雷赶来了。贝利亚奥特曼对奥特英雄们不屑一顾，他的目光从他们身上一一掠过，最后停在了雷身上。

"我们还是兄弟呢！"贝利亚奥特曼望着雷，阴阳怪气地说道。

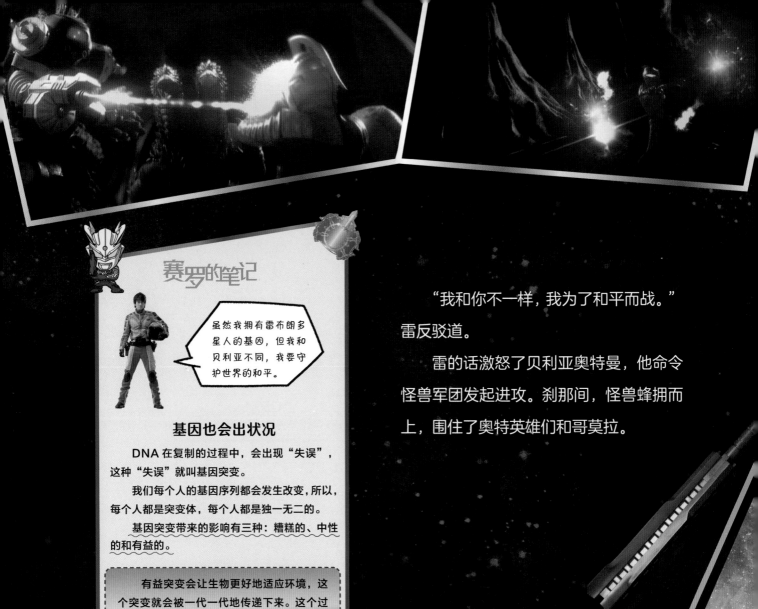

赛罗的笔记

虽然我拥有雷布朗多星人的基因，但我和贝利亚不同，我要守护世界的和平。

基因也会出状况

DNA 在复制的过程中，会出现"失误"，这种"失误"就叫基因突变。

我们每个人的基因序列都会发生改变，所以，每个人都是突变体，每个人都是独一无二的。

基因突变带来的影响有三种：糟糕的、中性的和有益的。

有益突变会让生物更好地适应环境，这个突变就会被一代一代地传递下来。这个过程叫作自然选择。

许多科学家认为，为了吃到高处的食物，长颈鹿保留并继承了让它们脖子变长的基因。

"我和你不一样，我为了和平而战。"雷反驳道。

雷的话激怒了贝利亚奥特曼，他命令怪兽军团发起进攻。刹那间，怪兽蜂拥而上，围住了奥特英雄们和哥莫拉。

本页面角色出自 2017 年作品《赛罗奥特曼英雄传》

奥特英雄们立刻与怪兽展开厮杀，但怪兽实在太多了，仿佛永远也消灭不完。情急之下，雷变身为雷蒙加入战斗。

看到这一幕，贝利亚奥特曼不怀好意地笑了。他甩出贝利亚光线鞭，将奥特英雄们纷纷打落在地，然后对雷蒙说："你能背叛你体内的雷布朗多基因吗？"话音刚落，他一掌拍了过去，雷蒙重重摔在了地上。

一股黑暗力量迅速吞没了雷蒙，雷布朗多的邪恶本能爆发了！雷蒙双眼猩红，指挥着哥莫拉攻击奥特英雄们。就在此时，雷的队友们在戴拿奥特曼的护送下赶到了。他们看到狂暴的雷蒙，忍不住大喊："雷！快醒醒，你一直都是我们最重要的伙伴啊！"

听到熟悉而又信任的声音，雷渐渐恢复了正常。

"可恶的地球人，竟然坏了我的好事。"贝利亚奥特曼顿时火冒三丈，对雷和他的队友们使出贝利亚超雷鸣。千钧一发之际，赛文奥特曼挺身而出，替他们挡住了攻击，自己却重伤倒地。赛文奥特曼拼尽最后一丝力量拔下头镖，扔向了宇宙。

赛罗的笔记

基因能决定一切吗？

基因决定性状，但性状的表现由基因和环境因素共同控制。

例如：肤色最初是由基因控制的，但如果让皮肤长期暴露在太阳下，会使得肤色变红或变黑。

生活习惯、生活环境等都会影响基因的表达，后天环境对一个人的性格影响也至关重要。

正是因为有信任我的伙伴，我才能摆脱雷布朗多星人凶残基因的控制。

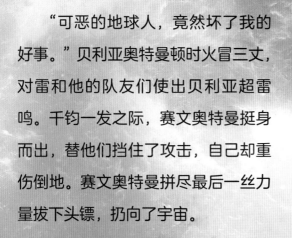

在 K76 星球，赛罗奥特曼身负修行甲，正在接受雷欧奥特曼的严格训练。雷欧奥特曼出招凌厉，毫不留情，赛罗奥特曼节节败退。直到最后一回合，赛罗奥特曼才扭转乾坤，不仅接住了雷欧奥特曼的飞踢，还将他重重地甩向石山。随着轰的一声巨响，石山轰然倒塌。

突然，赛罗奥特曼冲向山体崩塌的地方，接住了一块巨大的落石。原来，他是要救友好珍兽比格蒙。看到赛罗奥特曼的这一举动，雷欧奥特曼倍感欣慰。站在远处观战的奥特之王也点了点头，心里暗道：时机成熟了！

赛罗的笔记

虽然我们不同，但是我们的基因很相似。

基因相似度

不同物种的染色体数量差异很大，但基因的相似度却很高。先来看一组数据。

类别	基因相似度
人类和黑猩猩	96%
人类和猫	90%
人类和老鼠	85%
人类和奶牛	80%
人类和香蕉	41%

需要注意的是，基因相似度高并不意味着生物之间的相似度高。要知道，人体中能够正常表达的基因是极少数的。

　　奥特之王来到赛罗奥特曼面前，对他说："赛罗，你还记得你被驱逐出奥特之星那天的事吗？"

　　"当时你被巨大的能量诱惑，如果不是赛文及时阻止你，你很可能会像贝利亚一样坠入邪恶的深渊！"雷欧奥特曼刚说完，赛文奥特曼的头镖就从天而降。

奥特之王感应到头镖传递的信息后，说："贝利亚越狱了，正在怪兽墓场胡作非为，你的父亲赛文在向你求救！"

"赛文是我的父亲？"赛罗奥特曼吃惊地问道。

"是的，他让你在这里接受严格的训练，希望你能成为真正的奥特英雄！现在，快去救你的父亲吧！"奥特之王说完，解除了赛罗奥特曼的修行甲。

赛罗奥特曼紧握赛文头镖，心中百感交集。此时此刻，他明白了自己的使命，他是一名奥特英雄，为守护生命和正义而战！他不再犹豫，起身飞向宇宙，直奔怪兽墓场。

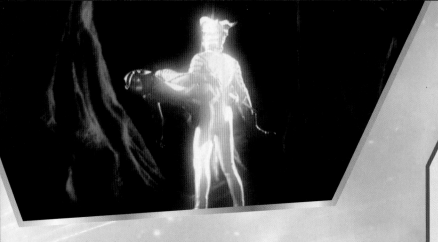

一道强烈的光束降临在怪兽墓场，是赛罗奥特曼赶来了！赛罗奥特曼抱起奄奄一息的父亲，将他放在了安全的地方。赛文奥特曼看着自己的儿子，欣慰地说："你终于成熟了！"

"你是什么人？"贝利亚奥特曼吼道。

"我是赛文的儿子——赛罗奥特曼。"赛罗奥特曼愤怒地瞪着贝利亚奥特曼。

我是赛罗的父亲，我将自己的基因遗传给了赛罗。

基因是如何传递的?

生殖细胞

在男性和女性生殖细胞中，染色体的数目各有 23 条。当精子和卵细胞结合时，就组成了完整的 46 条染色体，变成受精卵。

受精卵发育

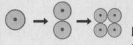

受精卵分裂为两个细胞，这两个细胞不断分裂，进而形成胚胎。

细胞分化

胚胎不断发育，基因指挥细胞开始分化，形成不同的组织，并进一步构成器官。

出生

发育成熟的胎儿拥有的基因，一部分来自母亲，一部分来自父亲。

"那我就让你和你的父亲一起下地狱！"贝利亚奥特曼低吼着，同时挥动终极战斗仪，所有怪兽一起冲向了赛罗奥特曼。赛罗奥特曼临危不惧，他先发射艾梅利姆切割光线，击中了两只怪兽，接着，他又扔出头镖，高速回旋的头镖瞬间消灭了许多怪兽。

随后，赛罗奥特曼两只手臂组成"L"形，发射赛罗集束光线，又击毙了不少怪兽。这时，旋转的头镖回到了赛罗奥特曼的手里，他手持头镖对怪兽军团发起近身攻击。只见他急速地穿梭在怪兽之间，随着一声轰然巨响，身后的怪兽们顷刻间化为熊熊烈火。

贝利亚奥特曼见赛罗奥特曼来势汹汹，决定亲自出战："小子，就让我来会会你！"赛罗奥特曼和贝利亚奥特曼展开了一对一的决斗。赛罗奥特曼手持头镖出招进攻，贝利亚奥特曼用终极战斗仪——化解。

赛罗奥特曼扔出头镖，蹿到贝利亚奥特曼身后抢夺终极战斗仪，贝利亚奥特曼抓着不放。这时，两个头镖径直切向他的双手。"啊！"贝利亚奥特曼被迫松开了手。气急败坏的贝利亚奥特曼发疯一般冲向赛罗奥特曼。

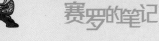

赛罗的笔记

> 雷布朗多星人基因，让我能控制怪兽。

利用基因，人类能做什么？

虽然我们不能像贝利亚奥特曼一样利用基因控制怪兽，但是每个人的基因都是独一无二的，利用这一特性，基因能帮我们做很多事。

案件侦破

案发现场遗留的头发、血液、唾液、表皮等都含有 DNA，收集这些样品能帮助破案。

确认死者身份

通过 DNA 指纹图谱分析技术，可以确认死者的身份。

亲子鉴定

通过对比父母与孩子的 DNA，来判断父母与子女之间是否是亲生关系。

疾病诊断

医生可以应用 DNA 指纹图谱分析技术诊断遗传病。

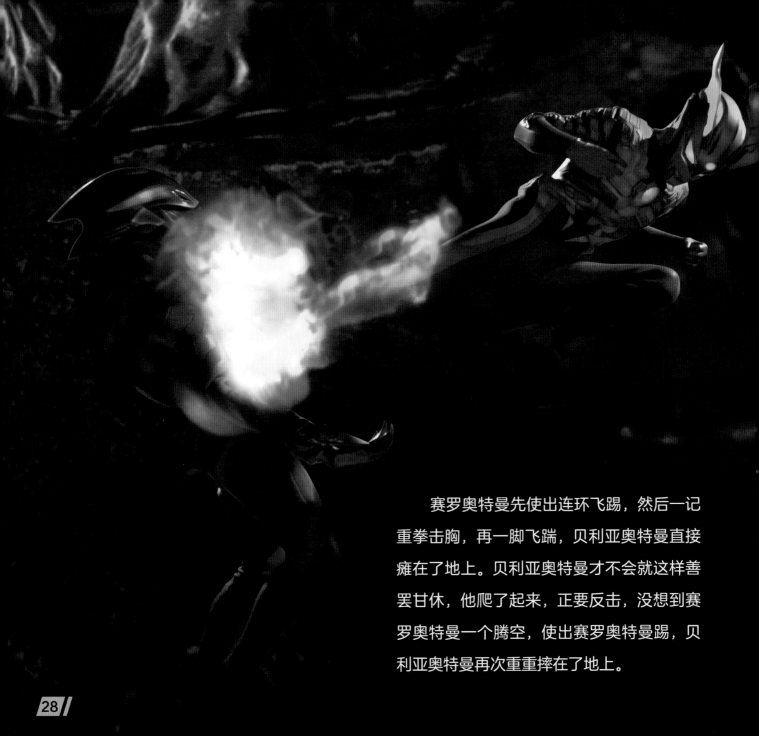

赛罗奥特曼先使出连环飞踢，然后一记重拳击胸，再一脚飞踹，贝利亚奥特曼直接瘫在了地上。贝利亚奥特曼才不会就这样善罢甘休，他爬了起来，正要反击，没想到赛罗奥特曼一个腾空，使出赛罗奥特曼踢，贝利亚奥特曼再次重重摔在了地上。

赛罗奥特曼乘胜追击，将头镖装在胸前，朝贝利亚奥特曼发射赛罗双射线。贝利亚奥特曼在强劲威力的冲击下连连后退，最后跌入了翻滚着炙热岩浆的裂谷里。

赛罗奥特曼没有辜负父亲的期望，他终于消灭了邪恶的贝利亚奥特曼！

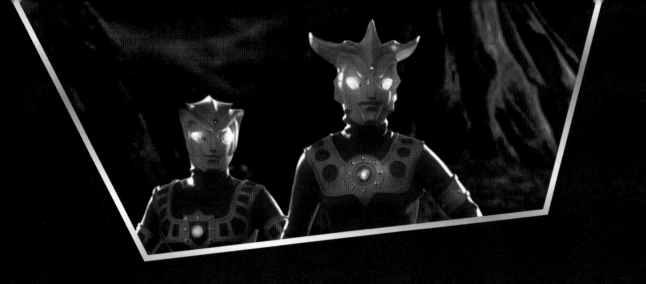

　　这时，雷欧奥特曼等人也赶来了。雷欧奥特曼提醒说："赛罗，当务之急是把能量核送回光之国！"

　　"我知道了。"赛罗奥特曼点了点头。突然，地面强烈地震动起来，无数怪兽和宇宙人的亡灵纷纷向怪兽墓场的裂谷汇集……

嘭的一声，裂谷中诞生了一个超巨型恶魔。奥特英雄们发现了贝利亚奥特曼！他没有死，还和怪兽墓场里所有的怪兽、宇宙人合体了！贝利亚奥特曼盘踞在头部，操纵着这个巨型怪兽——贝流多拉，他叫嚣道："就凭你们是赢不了我的！"

赛罗的笔记

贝利亚与怪兽合体，诞生了巨型怪兽贝流多拉。

什么是克隆？

人类通过DNA技术也能创造出新的生命体，这个技术就叫克隆。克隆出来的个体就叫克隆体，它们和本体有着一模一样的DNA。

1996年，科学家将一只母羊的一个乳腺细胞核转移到了去除了细胞核的卵细胞中进行培育，世界上第一只成功克隆的哺乳动物——多莉羊——诞生了。

你知道吗？

在自然界，有一些动物可以"克隆"自己，来繁殖后代。

比如有一种蚜虫，雌性不需要雄性就能产下宝宝，后代的遗传信息和它们自己一模一样。

"我们一起对付它！"雷欧奥特曼说完，大家都使出绝招，展开攻击。

阿斯特拉跳到了贝流多拉的身上，打算用脚狠踹贝流多拉，却被它发射的贝流多拉地狱击中，摔了下去。

　　赛罗奥特曼和雷欧奥特曼紧接着发动进攻，两人使出了雷欧赛罗踢，却仍然不敌威力强劲的贝流多拉地狱。戴拿奥特曼趁机发射索尔捷特光线，没想到被贝流多拉一把抓住，尝尽了贝流多拉地狱的苦头。

雷也不甘示弱，他操纵着哥莫拉想要靠近贝流多拉，不料被贝流多拉的尾巴扫到了一边。雷的战友们也驾驶着"宇宙盘龙号"加入战斗，在空中不停射击，却丝毫阻止不了贝流多拉。贝利亚奥特曼嗤笑一声，决定速战速决，他操纵贝流多拉发射出威力超强的贝流多拉地狱，重创了奥特英雄们。

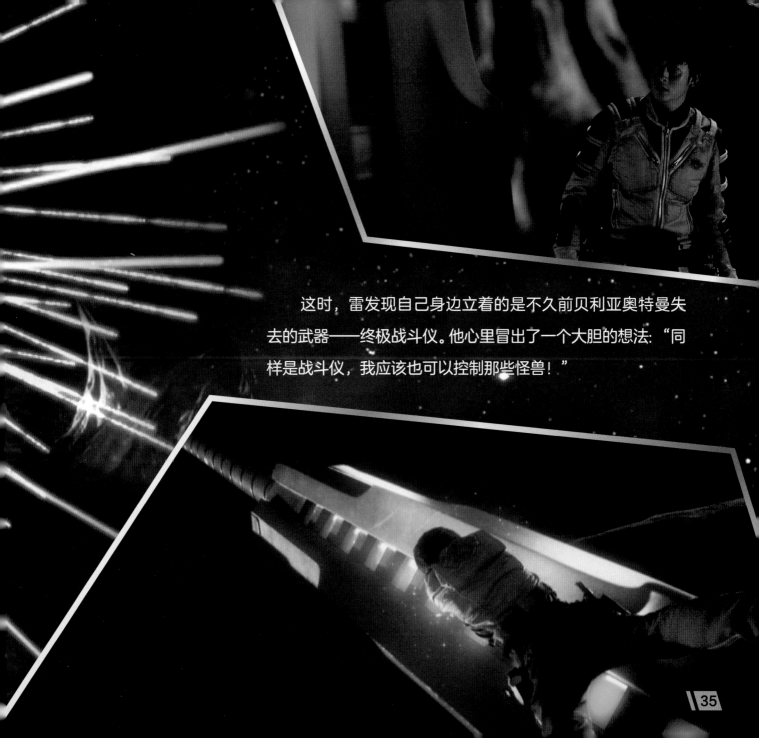

这时，雷发现自己身边立着的是不久前贝利亚奥特曼失去的武器——终极战斗仪。他心里冒出了一个大胆的想法："同样是战斗仪，我应该也可以控制那些怪兽！"

赛罗的笔记

基因的能力

雷布朗多星人的基因，让雷和贝利亚奥特曼能够操纵怪兽。

我们人类因环境的不同，也会发生基因突变，从而进化出与众不同的能力。

适应低氧环境

生活在高海拔地区的人们，进化出了应对低氧环境的能力。

潜水

为了潜水捕鱼，东南亚的巴瑶人可以在水下屏住呼吸超过10分钟。基因突变让他们的脾脏变得更大，能储存更多的血液，从而在潜水时输送更多的氧气。

感觉不到痛苦

有些人对疼痛很不敏感，这是因为他们有某些罕见的变异基因。

雷决定放手一搏，他大喊："100只怪兽，听从我指挥！"

奇迹发生了！终极战斗仪居然被雷启动了！合体的怪兽们听从了雷的指挥，开始抗拒贝利亚奥特曼的控制。

"就趁现在，快上啊！"雷朝奥特英雄们大喊。

"赛罗，看你的了！"雷欧奥特曼看向赛罗奥特曼。赛罗奥特曼点了点头，转身来到能量核前，伸出了双手。能量核瞬间发出耀眼的光芒，神圣之光选择了他，并赋予了他能量。赛罗奥特曼的头镖吸收了能量，变形为赛罗双剑。

赛罗的笔记

赛罗在我的脸上留下了一道疤，我永远不会饶恕他。

DNA 自我修复

DNA 不仅能复制，还能进行自我修复。

贝利亚奥特曼被赛罗奥特曼砍伤，他就需要新的细胞来帮他修复。

新细胞是通过细胞分裂产生的。

在一个细胞分裂之前，它首先需要复制自己的所有 DNA，然后这个细胞分裂成两个细胞，每个细胞中都含有一整套 DNA。

另一边，奥特英雄们、哥莫拉还有"宇宙盘龙号"同时使出各自的必杀绝技，贝流多拉被暂时牵制住了。赛罗奥特曼见贝流多拉动弹不得，闪电般冲向它的头部，挥起赛罗双剑，砍向贝利亚奥特曼。

本页面角色出自 2017 年作品《赛罗奥特曼英雄传》

贝利亚奥特曼身负重伤，却仍口出狂言："我不会善罢甘休的，整个宇宙一定会是我的！"

"那就让我来粉碎你的野心吧！"赛罗奥特曼发起致命一击——等离子光切割！

"啊！"贝利亚奥特曼彻底魂飞魄散了，合体怪兽也随之爆炸，连贝利亚奥特曼的终极战斗仪也化为乌有。

赛罗奥特曼将能量核重新放置在等离子火花塔内，光之国终于恢复了生机，所有奥特英雄都苏醒过来了。赛罗奥特曼也和自己的父亲重聚了！

"不愧是我的儿子啊！"赛文奥特曼一脸骄傲地说。

"父亲！"赛罗奥特曼慢慢靠近父亲，父子俩激动地抱在了一起。

本页面角色出自 2017 年作品

这时，奥特之王将奥特英雄召集到了一起，他感慨地说："我们终于夺回了正义的力量，但宇宙中依然潜藏着各种各样的威胁，我们必须勇敢地战斗下去！"光之国的勇士们爆发出热烈的欢呼声，为了和平与正义，他们会一直战斗下去的！

知识游戏

读完本册故事，你还记得多少和基因有关的知识呢？我们玩个游戏测试一下吧！请从起点出发，按照 👤－👤－👤－👤 的顺序，画出到达终点的正确路线。前进的路上，书中角色还会向你发起挑战，请勇敢接受挑战，正确回答提出的所有问题。

起点

人体中，能够正常表达的基因有多少？

请看 p.4

染色体位于人体细胞中的哪个位置？

请看 p.7

人类可以利用基因做些什么？

请看 p.27

DNA 的全称是什么？

请看 p.5

终点

基因是如何传递的？

请看 p.23

人体中一共有多少对染色体？

请看 p.11

什么是基因遗传？

请看 p.12

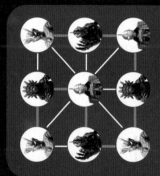

长颈鹿的长脖子是自然选择的结果吗？

请看 p.14

世界上第一只成功克隆的哺乳动物叫什么？

请看 p.31

本页面角色出自 2017 年作品《赛罗奥特曼英雄传》

科学实验室

你想亲眼看一看 DNA 吗？我们一起动手试一试吧！

从草莓里提取 DNA

准备：2 个烧杯、2 勺洗洁精、1 勺盐、1/2 杯水、2 个草莓、1 个封口塑料袋、滤纸、1 杯医用酒精（提前放入冰箱）、镊子。

1 制作 DNA 提取液

在一个烧杯中倒入 2 勺洗洁精、1 勺盐、1/2 杯水，然后搅拌均匀。DNA 提取液就制作好了。

2 破开细胞

将草莓装进封口塑料袋密封，用手指碾碎它们。然后往封口塑料袋里添加 DNA 提取液，重新密封好塑料袋，再碾压 1 分钟，直至完全变成草莓汁水。

3 分离 DNA

用滤纸把草莓汁水过滤到另一个干净的烧杯里。接着，往烧杯里倒入与草莓汁水等量的医用酒精。注意不要摇晃烧杯。

4 观察 DNA

烧杯中的液体上部会出现白色半透明物质，小心地用镊子将其夹起来。那就是 DNA 啦！

原理：DNA 存在于细胞核中，将草莓碾碎，加入洗洁精和盐，都是为了将 DNA 释放出来。酒精和 DNA 不相溶，加入酒精可以把 DNA 沉淀出来。